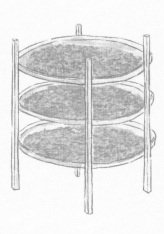

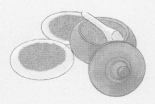

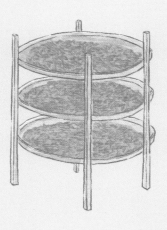

非遗里的中国茶

中国茶叶博物馆 编著

浙江教育出版社·杭州

编委会

序言一

    2022 年 11 月 29 日，"中国传统制茶技艺及其相关习俗"成功列入联合国教科文组织人类非物质文化遗产代表作名录。欣闻喜讯，满心欢喜，这对于所有事茶、爱茶的中国人而言，是莫大的鼓励与肯定。

    中国茶历史源远流长，我国成熟发达的传统制茶技艺及其广泛深入的社会实践体现了中华民族的创造力和文化多样性。在中国人的社会生活中，茶或泡或沏或烹或煎后饮用，既是民众的日常饮食习惯，也是相关社会实践、仪式、节庆活动的重要内容。种茶知识、制茶技艺、喝茶习俗与顺应自然的观念代代传承，为民族文化提供了持续的认同感。

    茶是有益于青少年身心健康的饮品，识茶、饮茶、爱茶，要从娃娃抓起。中国茶叶博物馆一直深耕在茶文化弘扬、传播领域，始终践行着向广大青少年普及中华茶文化的使命与责任。

由中国茶叶博物馆牵头编著的《非遗里的中国茶》一书，首次收录了 44 个国家级涉茶非物质文化遗产代表性项目，面向广大少年儿童群体，通过文字介绍与手绘插图、茶样图片相结合的展现形式，全面介绍了"中国传统制茶技艺及其相关习俗"项目风貌，既符合少年儿童的阅读习惯，又将中国茶文化知识贯穿始终，深入浅出、活泼有趣，有助于提升少年儿童群体对中国茶文化的认知度与喜爱度，让他们从小就爱上喝茶，实现非物质文化遗产保护、传承与弘扬的目标。

茶和天下，共享非遗。中国茶叶博物馆使命在肩，愿能继续立足优势、凝聚合力、砥砺前行，向世界描绘出一幅"非遗里的中国茶"美丽新画卷。

刘祖生

原浙江大学茶学系主任，教授、博导

序言二

中国有谚语"开门七件事，柴米油盐酱醋茶""宁可三日无食，不可一日无茶"，茶被国人视为生活必需品之一，被誉为"国饮"。

坐落于茶都杭州的中国茶叶博物馆，1991 年 4 月正式建成开放，三十多载风华，致力于茶专题陈列展示、学术研究、科普宣传、非遗保护、国际交流、培训体验等，以茶为媒，连结古今中外，成为全国唯一以茶和茶文化为主题的国家一级博物馆，也成为中国向世界展示泱泱中华文化的重要窗口。

2022 年 11 月 29 日，"中国传统制茶技艺及其相关习俗"成功列入联合国教科文组织人类非物质文化遗产代表作名录，中国茶叶博物馆作为重要的专业机构之一，全程参与项目申报，并将肩负起更多该遗产项目保护、传承与弘扬的使命，《非遗里的中国茶》

一书也应运而生。

该书由中国茶叶博物馆牵头编写，期间得到了"中国传统制茶技艺及其相关习俗"44个子项目保护单位的大力支持。我们旨在通过以少年儿童喜闻乐见的绘本形式，让孩子们从小畅游在中国茶技艺和茶习俗的文化海洋中，树立起中华茶文化的自信，未来能够更加生动地讲好中华茶文化故事，让中国茶走得更远。

读万卷书行万里路，希望在阅读之余，孩子们能经常来博物馆探寻、去原产地体验，实地感受中国茶文化的魅力。

中国茶，享未来。

中国茶叶博物馆馆长

目录

引文

　　中国是茶叶的故乡，这片土地上生长着最古老的茶树，这里的人们很久很久以前就和茶叶成了好朋友。几千年来，我国的茶文化经历了漫长的历史积累，2022 年 11 月 29 日，"中国传统制茶技艺及其相关习俗"成功列入联合国教科文组织人类非物质文化遗产代表作名录。

源远流长的中国茶

    传说最早发现和利用茶叶的是我们的祖先神农。据古书记载，为了帮助生病的部落民众，神农尝遍百草寻找药物，不料身中剧毒。危难之时，一阵风吹来了几片冒着清香的树叶。神农将树叶放入口中嚼了嚼，一股清凉的感觉流进肚子，身体变得不再难受。神农把神奇的树叶带回了村子，这成了我们与茶叶相遇最早的故事。

茶树的树型

乔木型

身高：多为 3~10 米。
体型：主干高大，分枝明显。
出生地：云南、贵州、四川一带。

小乔木型

身高：多为 2~3 米。
体型：主干明显，分枝低矮。
出生地：广东、广西、福建、
　　　　台湾一带。

灌木型

身高：多为 1 米。
体型：主干矮小，分枝稠密。
出生地：长江沿岸及以北。

茶树的一生经过幼苗期、幼年期、成年期和衰老期。

有些野生的茶树可以活上百年，而我们主要栽培的小乔木型和灌木型茶树并没有那么长寿。大多数人工栽培的茶树只有宝贵的 40-60 年时间能够被用来制作成好喝的茶叶。

茶树叶 的不同体形

比大人的手掌大很多的是特大叶种。

比大人的手掌稍大的或稍微小一点点的是大叶种。

比大人的手掌宽一点点，或稍微窄一点点是中叶种。

比大人的手指宽那么一点的是小叶种。

采茶 "手指舞"

提采，食指与大拇指合作将茶叶往上提，是常用的采茶手法。

双手采，为采茶高手的技艺，双手和眼睛快速协作将嫩芽采下。

3

到处旅行的中国茶

跟随时间的脚步，茶叶在中国的大地上开始了旅程。

茶叶最早是在我国的云南、四川、贵州一带被发现的，那里湿润的气候条件、微微起伏的土地让茶树欢快地生长。后来，茶树又在江南地区被广泛种植。

汉朝，茶叶成为一种商品，喝茶成了一种习惯。据说汉朝贵族家庭的家仆每天要做的家务之一，就是煮茶和整理茶具。不过那时煮茶就跟煮粥一样。

魏晋南北朝的时候，喝茶的人和种茶的地方变得越来越多。茶不仅成为达官贵人招待客人的饮品，还被文人墨客写进浪漫的诗篇。在追忆祖先、祭祀神明的时节，茶叶也是重要的贡品。

随着佛教的兴盛和王公贵族们对饮茶的喜爱，茶叶在唐朝十分风光。还有一位叫陆羽的人，写了当时最有名的茶书《茶经》，直到现在，大家仍在不断学习和研究这本书。

在唐朝，人们为了一年四季都能喝到茶，就把采下的茶叶捣成泥状，然后烘干成一块块的茶饼。要喝茶时，就把饼敲碎碾成茶末末，投入锅中煎煮，再分到小碗中饮用。特别有趣的是，唐朝人煮茶的时候还会往里面加点盐和葱姜蒜调味。

唐朝时期，茶叶陪着文成公主嫁到了西藏。渐渐地，茶成为藏区人民生活中不可缺少的饮品，他们愿意用自己的马匹来交换茶叶。于是马和茶叶的交换成了后来特有的一种买卖，称之为"茶马互市"，而茶马交换途经之路，也逐渐形成了"茶马古道"。

后来，茶叶走出了国门，跟着当时来唐朝学习佛法的僧人到了遥远的朝鲜半岛和日本。

《茶经》是目前世界上现存最早、最完整、最全面介绍茶的一本专著。它被人们亲切地称呼为"茶叶百科全书"。陆羽也因此被尊称为"茶圣"。

宋朝的时候，宫廷饮茶极其精致，会在茶饼上压出龙凤图案，用冲点的方式来饮用，点茶成为当时贵族必备的技能。民间喝茶就更好玩了，人们会互相比拼点茶的技术，甚至还有人会在茶汤上画画，称为"茶百戏"，成为"斗茶"的一部分。

与唐宋复杂的喝茶方式不同，明朝开国皇帝朱元璋下令不再上贡团饼茶，而是改成简单地用沸水冲泡散茶，就跟我们现在的喝法差不多。

简单的喝茶方式，让茶具有了新的变化，出现了像紫砂等不同材质的器具。

茶在明朝人的生活中变得无比重要，关于茶的研究与茶书籍的编写也变得十分盛行。

清朝时期，茶叶变成了东西方贸易交流中一种非常重要的商品，人们把种茶、制茶的技术带到了世界各地。

清朝的茶具，在此刻变化出多姿多彩的造型，有盖碗、茶船、茶叶罐等。

每逢新春的时候，皇帝还会举行隆重的茶宴，受邀者一边品茶一边吟诗作对。

南朝·点褐彩青瓷碗

清·松石绿地粉彩花蝶纹瓷茶船

明·青花折枝花卉纹提梁壶

唐·绿釉执壶

清·粉彩官上加官纹盖碗

千变万化的中国茶

人们将茶叶研制出了千变万化的模样、层出不穷的味道。

根据茶叶加工方法的不同，茶叶主要分为六大类：绿茶、白茶、黄茶、青茶（乌龙茶）、红茶、黑茶。

将这些茶叶再加工就能得到更特别的品种，例如花茶、紧压茶、萃取茶等。

绿茶是中国产量最多的茶叶。冲泡好的绿茶有着淡绿色的汤汁，杯中飘荡着嫩绿色的叶子。加工绿茶的方式大致可分为：杀青、做形和干燥。

杀青：通过高温保持茶叶中绿绿的颜色。

我们绿茶可是中国"出生率"最高的茶。

能做出又黄又亮的汤色是我们黄茶很自豪的事。

黄茶是中国的特色茶类，根据叶子的细嫩程度可分为黄芽茶、黄小茶和黄大茶。冲泡好的黄茶有着又黄又亮的汤色，喝起来味道特别不一样。黄茶的加工方式与绿茶非常接近，但又比绿茶多了一道"闷黄"的步骤。

闷黄：就像炒青菜时盖了锅盖。

我们红茶汤色红艳，滋味甜醇，做奶茶也很不错的哦。

红茶不仅在我国受到大家的喜爱，在国外也获得很多赞誉。泡好的红茶有着红艳艳的汤色。根据加工方式的不同，可分为原产于福建的小种红茶，做工精细、叶子秀丽的工夫红茶，以及切成小颗粒状、有着浓厚香味的红碎茶。

发酵：将茶叶氧化，让它变得红彤彤的。

青茶也叫乌龙茶，历史非常悠久，现在主要生产于福建、广东和台湾。乌龙茶的加工方式，结合了绿茶和红茶的部分工艺，属于半发酵茶，香气特别高，味道十分丰富。

摇青：双手晃动茶筛中的茶叶，使叶子变成"绿叶红镶边"。

大家都知道我叫乌龙茶，其实我们还有一个名字叫青茶。

我们白茶追求自然。

白茶属于轻发酵茶，身上长着白色的茸毛，因此得名"白茶"。白茶的加工方式独树一帜，不炒茶也不揉捻，它主要的加工工艺是萎凋和干燥。

萎凋：将采下的新鲜叶子按一定厚度摊放，通过太阳光的晾晒让叶子失去水分，自然干燥。

黑茶是茶叶在初步加工完成后，再在一定的温度和湿度下，利用微生物发酵而形成的茶，我们也把黑茶叫做"后发酵茶"。渥堆是加工黑茶最关键的步骤。

渥堆：保持茶叶适当的温湿度，盖上麻布，使其在湿热状态下发酵。

黑茶也不一定全部都是黑色的，还有褐色的、棕色的。

博大精深的中国茶

　　几千年来，茶叶从未停下旅程的脚步。在广袤的土地上，一个个茶人试图通过手掌的温度、水与火的淬炼给予茶叶新的生命，写下新的故事。他们创造出了不起的制茶手艺，中国制茶技艺和习俗在一代又一代的茶人中传承与新生。让我们在祖国的山水间，找寻那被传承与守护的茶文化吧……

绿茶制作技艺

西湖龙井

　　宋朝时，辩才法师就在浙江杭州的龙井寺开始做茶。后来龙井寺产的茶又与出行江南的乾隆相遇而名声大噪。随着时间的变迁，当地种植、炒制龙井的茶人们形成了勤耕细采的劳作模式，更摸索出一套具有特色的炒制手法，将西湖龙井做成了独特的扁平型，还让它获得了"绿茶皇后"的美誉。

抓

搭

抖

拓

捺

推

甩

压

扣

磨

中国茶叶博物馆

11

紫笋茶饼

1. 精挑细选叶子

2. 用蒸汽
保留叶子的本色

3. 捣成细米

4. 做成饼
晾晒慢焙

紫笋茶

　　浙江湖州长兴的顾渚山上坐落着唐朝第一座皇家茶厂——大唐贡茶院。这里秘制的紫笋茶饼被当作唐代皇家的贡品。陆羽的《茶经》不仅有紫笋茶名字的出处，还记载了其古老的制作工艺。

　　现代炒烘工艺制作的紫笋茶的茶芽又细又嫩，像一根小小的笋尖。泡上一壶，茶叶会在热水中如兰花般绽放，给人无限的甘香、无穷的回味。

婺州举岩

在浙江金华北山一带保留着一种独特的绿茶。该茶在五代十国时期就有记载，因这里的奇峰怪石好像仙人们用手托举而起，人们便把此处的茶取名为"举岩茶"。这种茶以一芽一叶或一芽二叶为原料，炒与焙相结合，对温度和手法要求极高。

先在180℃的锅中撒下鲜叶，用手翻或抖，抛闷结合。接着要在90℃的锅中翻炒，直到茶条不粘锅。

举岩茶带着微微的茸毛，散发着银翠的光亮。明代与清代的皇帝喝完赞不绝口，直夸尝到了山石间如风的清新与甘醇。

安吉白茶

奇峰怪石的山间能长出好茶，河流密布的土地也能冒出好茶。浙江湖州安吉生长着古老的白茶树，淙淙的河水滋润着它们，昼夜起伏的气温锻炼着它们，又因为安吉白茶树有着特殊的"白化"现象，这里长出的芽叶氨基酸含量高，能为身体补充营养。

为了保护安吉白茶茶叶里的营养与清香，人们研制出了独特的加工技艺。在早春采摘如花朵状的芽叶，配合叶白脉翠的特点，在杀青时既要将茶叶抛起，又要立马让它们在锅中稍微闷一下。做好的安吉白茶像一片片小巧的羽毛，鲜香持久。

碧螺春

碧螺春产自江苏。早在两晋南北朝时，苏州太湖边的百姓就开始种茶。明末清初，人们为它起了个特别直白的名字，叫"吓煞人香"。后来，因为鲜叶采于早春、炒制好的茶叶又如碧绿的螺，香气高、味道鲜，康熙南巡太湖时为它赐名"碧螺春"。

碧螺春 制作诀窍

- 🍃 摘得早
- 🍃 采得嫩
- 🍃 拣得净
- 🍃 揉捻很重要

将炒锅的温度控制在150～200℃之间，炒制要诀：手不离茶，茶不离锅，揉中带炒，炒揉结合，连续操作，起锅即成。上好的碧螺春以"形美、色艳、香浓、味醇"闻名天下。

雨花茶

除了碧螺春，江苏还有一款南京茶人特制的雨花茶。民国时期，"江南植茶公所"的茶人就开始摸索制作一种特殊的绿茶。

他们从雨水充沛、阳光普照的大地上摘取鲜嫩的茶叶。

雨花茶挺拔像松针，象征着雨花台牺牲烈士的精神，象征着坚挺、不屈不挠的意志。

在烧热的炒锅中搓、抓、理，让手掌中的茶叶翻滚成松针形。

然后通过抖、撩、飘等手法，将茶叶按粗细、长短、轻重筛出来进行烘焙。

茶叶会在半笠状的烘笼中上下翻滚，最后变成紧细圆直、嫩绿明亮的雨花茶。

黄山毛峰

安徽黄山风景秀丽，山
上林立的奇石不仅给文人墨
客带来灵感，也给当地的
茶农带去无尽的想象。清
朝时期，开茶行的谢正安
带着家人上黄山采摘肥壮
的芽叶，他们把雀嘴状的
芽叶制成身披白毛、芽尖
似峰的茶叶，取名为"黄山
毛峰"。

想要炒制上好的黄山毛峰，
需要将深底的平锅烧至150℃，再
投入鲜叶，用双手快速翻炒，轻揉之后，
再使用独门秘技"篮一罩"，用竹篮盖在茶
叶上，让茶叶显毫，就像慢慢长出细毛。

炒好的黄山毛峰，有着雀舌的模样，色泽嫩绿微黄，
泡出的味道清鲜高长。

六安瓜片

安徽极富有时光韵味的绿茶，要数来自
六（lù）安市的六安瓜片。此茶在明清时，
就出现在文人墨客的诗书之中。

六安瓜片最特别的地方是选用不带芽与
梗的鲜叶制作。炒制中需要三次烘焙，温
度逐渐升高。最后一次烘焙最考验技术，
得让温度又高又稳定。

六安瓜片是世界上少有的用单片叶子精
制而成的绿茶，它展现了安徽人民特有的
制茶技艺。

炒好的六安瓜片，形似瓜子，翠绿披霜，
滋味悠长。

清朝时期，家住安徽黄山猴岗的王魁成，做出了一款别致的绿茶——太平猴魁。据说因为他时常看到茶商将长相整齐的芽叶挑出并高价售卖，从中深受启发，认为好茶源于精挑细选的鲜叶。于是，他专门选摘壮挺的一芽二叶，研制出太平猴魁。

炒好的太平猴魁模样扁展挺拔、苍绿匀润、浑身细毛，主脉还透着暗红色。品上一口茶，鲜香中漫出悠长的韵味。

讲究炒和烘的太平猴魁

下锅杀青翻炒时茶叶不能在锅内打滚，要"带得轻、捞得净、抖得开"。

烘焙分三次。

头烘时，需 4 只烘笼，温度分别为 100℃、90℃、80℃、70℃。

二烘时，将烘笼温度控制在 80℃，笼中茶量是头烘的 4～5 倍。

三烘时，将烘笼温度控制在 50℃，等到茶叶手捻成粉即可。

婺源绿茶

从安徽向南出发，我们来到中国绿茶的黄金产区之一江西婺源县。这里的婺源绿茶曾出现在唐朝的《茶经》中，在明朝更成为上贡的佳品。

在婺源，人们用祖传的技艺制作绿茶。"双把揉"揉捻法是制作婺源绿茶的要点，需要双手握住茶叶，按"V"字形有节奏地轻揉，让茶叶渗出汁水，形成条状。

炒好的婺源绿茶润绿圆直，香气芬芳。

民间还流传着对它的赞誉"头泡香、二泡浓、三泡味未减、四泡味亦醇"。

赣南客家擂茶

在江西的南端，迁徙到此处的客家人带来了古老又别具风味的擂茶。据记载，客家擂茶是从汉魏时的粥茶与唐宋时的煮茶和点茶变化而来。

客家擂茶的制作材料非常特别，除了新鲜茶叶，还需要糯米、芝麻、黄豆、花生、盐和各种草药等。将这些材料按比例在擂钵里捣转成茶泥，之后用沸水冲泡，倒入高山茶油慢慢搅拌。擂茶是客家人生活中不可或缺的一部分，它蕴含着一种古老的滋味，散发着一股神秘的茶香。

茶油

糯米

芝麻

花生

茶叶

黄豆

姜

信阳毛尖茶

在河南信阳，当地的茶农改良了从唐朝时就作为贡品的信阳茶。人们会特地在清明前采茶，然后在烧热的锅中，将茶叶往锅的边沿甩动，让茶叶在滚落中形成条状。

炒制好的信阳毛尖茶细圆挺秀、味浓耐泡。常喝这种茶，可以消食解腻。

恩施玉露

湖北恩施保留着我国唯一的蒸青针形绿茶，名为"恩施玉露"。清朝时，恩施玉露和西湖龙井、武夷岩茶等一起被列入名茶目录中。

制作恩施玉露要用到蒸青灶和焙炉，蒸、揉、搓、烘是制茶的关键步骤。高温的蒸汽除去鲜叶中的青草气，在焙炉中迅速地将叶子抛起抖散，之后搭配着手像铲子一样翻炒茶叶，带走叶子中的水分。

炒制好的恩施玉露油润光滑，碧绿如玉。

20

都匀毛尖茶

都匀毛尖茶发源于贵州省都匀市，流传于都匀及黔南州。这种茶在明朝时就有记载，1915年还在巴拿马万国博览会上为国争光。

都匀毛尖茶制作技艺复杂精细，如同在火中取宝，一气呵成。其中最有特点的技法是像搓汤圆一般将茶按特定的方向搓成团，使茶叶弯曲得像银钩一样，还有在手掌中将茶团相互摩擦生出细毛。

炒制好的都匀毛尖茶，卷曲鲜绿，栗香显露，回味甘甜。

蒙山茶

从汉朝开始，四川起伏连绵、云雾缭绕的蒙顶山，就流传着蒙山茶。蒙山茶对原料和炒制都十分讲究。鲜叶要在雨水至清明时节采摘，制茶师须凭借多年的经验红锅杀青，三炒三揉。通过不同的加工方法制成蒙顶甘露、蒙顶黄芽、蒙顶石花、万春银叶、玉叶长春等代表性茶品。蒙山茶色香味俱全，李时珍《本草纲目》中称其为健康饮品，深受百姓喜爱。

万春银叶

蒙顶黄芽

蒙顶石花

玉叶长春

蒙顶甘露

红茶制作技艺

祁门红茶

　　安徽祁门盛产的祁门红茶是中国传统十大名茶之一，更是世界三大高香红茶之一。据说南北朝时期，人们就开始研制红茶，明清时期，工艺成熟的祁门红茶不但受到中国人的喜欢，还畅销欧美十多个国家。

　　祁门红茶最具有魅力的是它绵绵不绝的茶香。这茶香来自制茶师纯手工打磨的"祁门工夫"，红茶的初制和精制两大工艺流程繁琐，需要细心，更要有耐心。

祁门工夫大揭秘

- 初制分为萎凋、揉捻、发酵、干燥。

- 精制有筛分、切断、风选、拣剔、复火、匀堆等工序。

23

坦洋工夫茶

　　170多年前，倚靠白云山脉的福建福安坦洋村独创出很受欢迎的坦洋工夫茶，茶汤色泽红艳，滋味鲜爽醇甜，还有着浓浓的花香味。当时，人们把它大量出口到欧洲，受到了大家的广泛喜爱，坦洋工夫茶也由此成名。

宁红茶

发源于江西修水县的宁红茶是中国最早的工夫红茶之一。清末民国初期，修水县的人们用木制的茶篓装鲜叶，在宽敞的地方加工茶叶。令人难以置信的是，加工1000担茶叶，需要200～300名工人齐心协力才能做成。宁红茶条形紧结圆直，色泽乌黑油润。当地每年制成的第一批宁红茶上还会摆着龙须盖面作为彩头，既好看又有韵味。

滇红茶

据说很久以前，云南凤庆的人们就把鲜叶揉捏捂红，冲泡着喝，用来调养肠胃。红茶最初就是这样在当地流传开来的。后来，一个茶叶专家与凤山的红茶相遇，创制了新的制茶工艺，加工出了具有代表性的滇红茶。

想做出茶味浓厚的滇红茶，要把好五道关，分别是选好鲜叶、把握萎凋、控制揉捻、把控好发酵的时长，还要掌握好火候。

武夷岩茶（大红袍）制作技艺

武夷岩茶（大红袍）

　　群山环绕的福建是乌龙茶的摇篮，出生在武夷山一带的武夷岩茶（大红袍）已经有几百年的历史了。这种具有岩骨花香品质的茶有一套特殊的制作流程。在摇晃和晾晒中，鲜叶弓成了龟背状，在双炒与双揉中，叶子变化出了三节色，也就是砂绿色、青褐色、鳝皮色。

摇青是乌龙茶特有的一个步骤，
看架势十分威风！
摇青能让叶子相互碰撞、变红，
还能让叶子散发迷人的香气。

乌龙茶制作技艺

铁观音

关于福建安溪铁观音的诞生，与一个传说有关。相传清朝时的一个茶农梦见观音领着他发现了一棵茶树。醒来后，茶农便寻着梦中记忆，真的找到了那棵茶树。他细心栽培数年，制出了散发着兰花香的铁观音。

制作铁观音需要制茶师灵活掌握各个关键环节，制成的铁观音独具"观音韵"，形状卷曲紧结。冲泡后的汤色金黄明亮，清香悠长，有"七泡有余香"的美誉。

漳平水仙茶

宋朝的时候，福建的南洋乡就开始种茶，后来，当地大大小小的茶坊结合其他的制茶技术，研制出了具有花香的漳平水仙茶。制茶师们通过摇晃和静置让绿叶镶上红边，之后通过模具给茶叶定型，做成豆腐干大小的块状，再反复烘焙出香气。漳平水仙茶凝聚了当地茶农的智慧，不仅口感好，还易携带、耐冲泡。

黑茶制作技艺

南路边茶

四川雅安的南路边茶有着 1300 多年的历史，是茶马古道上一种独特的茶叶。渥堆工艺使它有了黝黑油亮的模样、浓烈诱人的香气。在南路边茶中加入酥油、盐、核桃仁末等材料，拌成美味的酥油茶，是藏族同胞必不可少的传统饮品。

千两茶

千两茶出生于湖南安化。为了方便运输，清朝的茶商们将茶叶做成圆柱状，并将重量定为老称一千两一柱（一千两约等于现在的 36.25 千克），千两茶的名字由此而来。

不仅如此，千两茶的制作工艺也很特殊。先是将原料放在竹楠编成的篓子里，竹楠得有三年以上的岁数，篓子里铺上棕叶和蓼叶。接着经过 23 道工序踩制压紧，日晒夜露一年多，才能得到油润结实、散发淡淡松烟香的茶叶，越陈越香。

茯砖茶

在湖南的益阳有着一款特别的黑茶。因为这种黑茶需要在伏天制作，从而得名为"伏砖茶"。茯砖茶的制作工艺很精细，其中发花是其特有的一道工序，需要将成型的茶砖放在特定的温度与湿度的环境中，使茶砖内产生一种对人体有益的金黄色颗粒"金花"。因为茯砖茶具备独特的保健药理功效，人们又将"伏茶"美称为"茯茶"或"福砖"。

咸阳茯茶

汉朝时陕西咸阳成为茶叶运往中原的集散地，带动了周围地区茯茶的发展。咸阳茯茶消食解腻，在历史上深受各个地区人们的喜爱。

长盛川青砖茶

在湖北宜昌有一户从江西迁来的何氏人家，世代以做茶为生。他们家的青砖茶从采摘到包装共有 77 道工序，茶叶色泽呈青褐色，清香四溢。清朝时，这个家族和山西的商人一起开了一个名叫"长盛川"的茶庄，并将青砖茶发扬光大。

青砖茶　　　　　　米砖茶

赵李桥砖茶

湖北的赵李桥是万里茶道上重要的一站。清朝时，山西的茶商在那里建设茶厂，生产帽盒茶，后来改良成了现在砖头造型的赵李桥砖茶。这种茶分为青砖茶和米砖茶两类，是我国西北地区人们天天爱不释手的茶饮。后来，茶商沿着漫漫万里茶道将中国茶叶和茶叶的故事带到了俄罗斯、蒙古等国。

六堡茶

广西特有的酸性、肥沃的土地，孕育了中国又一款颇具特色的黑茶——六堡茶。六堡茶被不少人誉为"可喝的古董"。它有黑褐色的光泽、浓烈的回甘。

下关沱茶

　　由明朝团茶演变而来的云南下关沱茶，讲述了茶叶与人们相遇的另一种故事。当地的人们采摘云南特有的大叶种茶，经炒制、揉捻、晾晒后，再压制成"窝窝头"形状，通过精细的制作变得更有滋味，成为祖国大地上一款别具一格的茶。

普洱茶制作技艺

贡茶

贡茶产自云南宁洱哈尼族彝族自治县，其制作工艺独特，人们采摘茶叶前会先向茶神献礼，仪式之后，制茶师按照严格的标准，在特定的时间与地点进行手工制茶。蒸压好的贡茶有着诱人的香气与别致的造型，深受大家的喜爱。

大益茶

云南大益茶是经过几代茶人不懈努力、创造性发展积淀而成的。它传承并发扬了古老的普洱茶制作技艺，制茶人利用云南大叶种茶为原料，先制成晒青毛茶，然后根据不同的需求，制成普洱生茶和普洱熟茶。整个生产过程有 30 多道工序，包括独特的发酵技术和拼配工艺。而拼配，就是将不同的茶树叶子拼在一起，使我们最后喝到的茶叶滋味更浓，味道更好。

黄茶制作技艺

君山银针茶

　　黄茶作为绿茶的"亲戚"，也活跃在人们的生活中。湖南洞庭湖边的君山市有一种名叫"君山银针"的黄茶。这种黄茶要在 4 天左右完成所有的制作过程，其中"闷黄"这道工序非常特别，需将烘好的叶子用牛皮纸包装好，放进密闭的木箱或铁盒里，然后叶子会被闷黄。

　　制好的君山银针茶，有着"金镶玉"的美誉，冲泡后的茶喝起来口感甜爽。

白茶制作技艺

福鼎白茶

福鼎白茶来自大山环抱的福建。陆羽的《茶经》里，就早早地记载过白茶的故事。福鼎白茶的芽叶肥壮，如银似雪，满披白毫，保留着大量的营养物质，喝起来清香爽口。民国时期它就被出口到国外，受到了很多好评。

福鼎白茶有"一年茶，三年药，七年宝"的说法，表明这个茶越陈越好。

花茶制作技艺

福州茉莉花茶

单瓣的茉莉花是福建福州所特有的。人们用微微展开的茉莉花与一层层烘过的绿茶重叠搅拌在一起，于是绿茶的清新与茉莉花的清香融合成了福州茉莉花茶。

吴裕泰茉莉花茶

清朝光绪年间，北京吴裕泰茶庄创制的茉莉花茶，深受百姓喜爱。制作这款茉莉花茶要经过9道工艺，在窨制过程中要控制茶叶的占比，通过低温慢烘，让茶的香气鲜灵持久。吴裕泰茉莉花茶汤色清澈明亮，滋味醇厚回甘。

张一元茉莉花茶

张昌翼于清末在北京创立了张一元茶庄，其制作的茉莉花茶独具特色。这款茶采用早春烘青绿茶作为茶坯，加之晴天三日以上采摘的茉莉鲜花窨制而成。张一元茉莉花茶汤清、味浓，入口芳香、回味无穷。

德昂族酸茶制作技艺

德昂族酸茶

云南不仅有古老的茶树，也有许多古老的民族。爱茶种茶的德昂族被誉为"古老的茶农"，他们以茶树作为图腾，并流传着一种酸茶的制作工艺。

茶农们将揉捻过的叶子放入竹筒或者土罐中，并且竹筒还会埋进土里，发酵成德昂族酸茶。这种茶有两种形态，湿茶可以用来吃，干茶则用来泡着喝。随着珍藏年限变化，酸茶会拥有不同的色泽与风味。德昂族酸茶是中国茶叶家族中珍贵的成员。

赶茶场

浙江磐安县的玉山一带流传着赶茶场的风俗。当地人为了纪念晋朝人许逊为磐安种茶制茶作出的贡献，将他尊为"茶神"，给他修建庙宇。随着玉山茶叶生产的发展兴盛，赶茶场民俗活动逐渐形成了以茶叶交易为中心的两个重要庙会——"春社"和"秋社"。庙会承载着人们祈求丰收与平安的心愿。当地的人们专门在每年农历正月十五举行春社来祭茶神，在每年农历十月十五举行秋社来谢茶神。

在春社的时候，人们会盛装打扮，举行社戏、迎龙灯等活动。

在秋社的时候，人们会拎着茶叶和货物到茶场赶集，还可以看看叠罗汉、迎大旗等民间表演。

赶茶场期间，家家户户还会备上好酒好菜，招待四方来客，各村的青年相聚一起，因此，赶茶场又成为相亲定亲的好时节。

社戏

迎龙灯

叠罗汉

迎大旗

径山茶宴

　　浙江余杭的径山寺流传着一种禅门清规与禅意结合的茶宴。据记载，从唐朝的法钦禅师在径山种茶礼佛开始，径山茶宴便有了雏形。后来茶宴融进了僧堂生活和禅院清规，还漂洋过海成了日本茶道之源。

　　每当径山寺里有贵客光临，住持便会设下茶宴招待。茶宴从张茶榜、击茶鼓、恭请入堂、上香礼佛、煎汤点茶、行盏分茶、说偈吃茶到谢茶退堂，有十多道仪式。茶宴中宾主之间用"看话禅"的形式参禅问道，颇具儒雅之气，完美展现茶与禅的相融。

茶宴流程图

1 张茶榜

2 击茶鼓

3 恭请入堂

4 上香礼佛

5 煎汤点茶

6 行盏分茶

7 说偈吃茶

8 谢茶退堂

富春茶点制作技艺

　　江苏扬州的富春茶社是一家将花、茶、点心与菜肴结合在一起的百年老字号。清末民初，精巧的茶点让顾客流连忘返。其中宛如石榴般玲珑可爱的烧卖与千层油糕并称为"扬州双绝"。

　　人们在富春茶社吃着美味独特的各式点心，品着富春独创的魁龙珠茶，心旷神怡。魁龙珠茶由三种茶组成，它有着浙江龙井茶的翠绿色，安徽魁针的醇厚味和江苏珠兰的香气，真乃"一壶水煮三省茶"。

魁龙珠茶

潮州工夫茶艺

　　形成于明清时期的潮州工夫茶艺，体现着广东潮州一带的百姓对于茶独特的思考与深沉的喜爱。当地人拿一把小壶、三个杯子，煮上一壶水，冲上一泡茶，在街边或者在家里，享受复杂又简单的茶生活。潮州工夫茶艺的冲泡过程独特且精致，有21道工序。像"扇风催炭白"体现着炙茶前的周到，"热盏巧滚杯"体现着冲茶的绝妙，"先闻寻其香，再啜觅其味"体现着品茶的诀窍。

潮州工夫茶艺主要工序

1 候火

2 炙茶

3 纳茶

4 冲注

5 刮沫

6 淋罐

7 滚杯

8 啜饮

白族三道茶

　　云南大理的白族流传着一种古老的传统茶俗。在逢年过节、宾客来临、生诞寿辰、男婚女嫁、建房上梁等重要场合，白族人都会奉上"三道茶"。第一道"苦茶"，以苍山的绿茶为原料，泡出清幽的甘苦，寓意人生伊始，常会遇到困难，应当以苦字为先；第二道"甜茶"，以生姜、甘草、红糖、乳扇、核桃仁片为原料，做出甜而不腻的滋味，寓意人的一生总会苦尽甘来；第三道"回味茶"，以生姜、蜂蜜、花椒、桂皮为原料，滋味甜中带苦、苦中带麻，寓意尝过人生百味之后，绚烂之极而归于平淡。

　　三道茶，三种味，载满了白族对客人的祝福，也蕴含着对人生的感悟！

桂皮　　花椒　　生姜　　乳扇

苦茶　　甜茶　　回味茶

瑶族油茶

在广西壮族自治区的南岭一带，潮湿的气候让当地的瑶族人形成了独特的喝茶风俗。

他们从煮药、熬粥中获得灵感，研制出了祛湿消暑的油茶。油茶以老叶绿茶为原料，搭配生姜、猪油、盐等，用油炒至焦香后放入锅中反复捶打熬煮。瑶族人一般连做四锅油茶，当地流传着"一杯苦、二杯涩、三杯四杯好油茶"的谚语。

人们一边喝茶一边聊着家常，油茶里映照着他们幸福的脸庞。

图书在版编目（CIP）数据

非遗里的中国茶 / 中国茶叶博物馆编著. — 杭州：
浙江教育出版社，2023.7
ISBN 978-7-5722-5837-4

Ⅰ. ①非… Ⅱ. ①中… Ⅲ. ①茶文化—中国—少儿读
物 Ⅳ. ① TS971.21-49

中国国家版本馆 CIP 数据核字（2023）第 077302 号

策划编辑　徐梁昱　　　　项目统筹　朱　阳　张雨梦　邵　年
责任编辑　鲁　庚　　　　责任校对　寿临东
美术编辑　曾国兴　　　　责任印务　曹雨辰
插画绘制　章雨萱　　　　装帧设计　做书文化

非遗里的中国茶

FEIYILI DE ZHONGGUOCHA

中国茶叶博物馆　编著

出版发行　浙江教育出版社
　　　　　（杭州市天目山路 40 号　电话：0571-85170300-80928）
激光照排　杭州乐读文化创意有限公司
印　　刷　浙江新华印刷技术有限公司
开　　本　889mm×1194mm　1/16
印　　张　4.25
字　　数　85 000
版　　次　2023 年 7 月第 1 版
印　　次　2023 年 7 月第 1 次印刷
标准书号　ISBN 978-7-5722-5837-4
定　　价　78.00 元

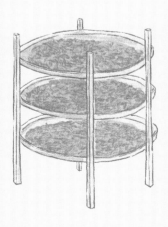